W0329846

DI (FH) Karina Niemczyk

FUNNY BUNNY
Spiel und Spaß mit Kaninchen

Bibliografische Information der Deutschen Nationalbibliothek

Die Deutsche Nationalbibliothek verzeichnet diese Publikation in der Deutschen Nationalbibliografie; detaillierte bibliografische Daten sind im Internet über http://dnb.d-nb.de abrufbar.

Herstellung und Verlag: Books on Demand GmbH, Norderstedt

Satz und Layout: DI (FH) Karina Niemczyk
Umschlaggestaltung: DI (FH) Karina Niemczyk
Fotos: DI (FH) Christian Spreitzer und DI (FH) Karina Niemczyk

Dieses Buch wurde nach bestem Wissen und Gewissen geschrieben und ist nur ein unverbindlicher Ratgeber; jede Umsetzung erfolgt in Eigenverantwortung des Anwenders.

ISBN 978-3-8391-2680-6

Widmung

Dieses Buch widme ich meinem ersten Kaninchen. Es hat mich, so seltsam es sich im ersten Moment auch anhören mag, sehr viel über das Leben an sich gelehrt. Leider ist „Hasi“ nicht sehr alt geworden, aber die wenigen gemeinsamen Jahre haben sehr schöne Erinnerungen an viele einmalige Momente hinterlassen. Ich bin heute noch dankbar dafür, dass er mich ein Stück auf meinem Lebensweg begleitet hat.

Nicki und Lola haben all meine Beschäftigungsideen mit Freude angenommen, mich viel über das individuelle Lernverhalten von Kaninchen gelehrt, mir meine eigenen Trainingsfehler und die Grenzen des Kaninchentrainings aufgezeigt. Ohne die beiden wäre dieses Buch nicht zustande gekommen.

Außerdem widme ich dieses Buch allen Kaninchen, die ein trauriges Dasein, allein und in viel zu engen und dunklen Ställen fristen. Ich hoffe, dass einige dieser Kaninchenhalter auf dieses Buch stoßen und zum Nachdenken angeregt werden. Und schließlich möchte ich dieses Buch auch jenen glücklichen Kaninchen widmen, die artgerecht gehalten und in Zukunft noch mehr Lebensqualität und Spaß haben werden!

Inhaltsverzeichnis

Einleitung

Sitzen Ihre Kaninchen nur gelangweilt in der Ecke herum? Dann wird es höchste Zeit, etwas Farbe in den grauen Alltag zu bringen!

Kaninchen sind zwar weniger verspielt als Hunde oder Katzen, aber sie sind von Natur aus sehr neugierige Tiere, die ihre Nasen überall hineinstecken. Daher kann man sie auch sehr leicht für viele Spiele begeistern, die man ihnen gar nicht zugetraut hätte. Vorausgesetzt, die Motivation stimmt! Und die sollte gesund sein. Verzichten Sie bitte auf Leckerlis und Futter, die viel Getreide und Zucker enthalten. Verwenden Sie lieber frisches Obst, Gemüse oder Kräuter.

Die Palette an Beschäftigungs-Möglichkeiten erstreckt sich von ganz einfachen Varianten, wie z.B. dem Futterigel, bis hin zu anspruchsvollen Intelligenzspielen für Hunde! Hätten Sie gedacht, dass ein Kaninchen in der Lage ist, solche Intelligenzspiele zu lösen?

Derartige Aktivitäten sind nicht nur spannend und eine willkommene Abwechslung für die kleinen Hoppler, sie halten auch geistig fit und sorgen dafür, dass sich die Tiere rundum wohl fühlen. Man erkennt das daran, dass sie sich nach dem Spiel zufrieden zusammenkuscheln und ein kleines Nickerchen machen. Und wer glaubt, das wäre nur etwas für junge Kaninchen, der irrt! Viele der im Folgenden genannten Spiele sind auch sehr gut dazu geeignet, ältere Tiere, die nicht mehr ganz so beweglich sind, ausreichend zu beschäftigen.

Im ersten Teil des Buches finden Sie daher jede Menge Kaninchenspiele. Im zweiten Teil geht es darum, die grauen Zellen Ihrer Kaninchen zu aktivieren und den kleinen hoppelnden Mitbewohnern ein paar Tricks zu lernen, um sie fit und somit auch möglichst lange gesund zu halten. Sie werden sehen, Langeweile kommt in Ihrem Kaninchenheim ab sofort bestimmt nicht mehr auf!

So, jetzt kann es aber losgehen! Ich wünsche Ihnen, Ihren Kindern und Ihren Kaninchen viel Spaß beim Schmökern und Ausprobieren und Freude beim Beobachten Ihrer kleinen Hausgenossen. Lassen Sie sich überraschen, wozu Kaninchen imstande sind!

Kaninchenspiele

Einfache Spiele sind durch eine Karotte gekennzeichnet.

Aufgaben, die mit zwei Karotten gekennzeichnet sind, erfordern schon ein wenig Geschick.

Bei Spielen mit 3 Karotten heißt es schließlich, das Köpfchen einzusetzen.

Bunny on Tour

Aus der Sicht eines Kaninchens gibt es immer etwas zu entdecken. Warum legen Sie also nicht diverse Gegenstände aus und schicken Ihre Kaninchen auf Entdeckungsreise? Dazu können Sie alles verwenden, was keine Verletzungsgefahr beherbergt, ungiftig und so groß ist, dass es nicht verschluckt werden kann. Bälle, Papierknäuel, Kaninchen-Spielzeug, ein kleines Stofftier, alte Socken, Handfeger, Kissen, Blumentöpfe (leer oder mit Futterpflanzen darin) oder ein Stapel alter Zeitungen sind sehr gut geeignet für dieses Spiel. Sind Ihre Kaninchen im Garten untergebracht, können Sie auch Holzstämme, Eimer, Ziegelsteine und unbehandelte Holzbretter verwenden. Experimentieren Sie mit verschiedenen Gegenständen und Materialien. Alte Decken und Handtücher können Sie z.B. über Stühle oder einen Tisch hängen, sodass ein Tunnel entsteht. Größere Kartons eignen sich zum Hineinspringen oder Durchschlüpfen, wenn Sie zuvor ein Loch hineingeschnitten haben. Ein Besenstiel kann auf 2 Bücherstapeln so platziert werden, dass das Kaninchen darüber springen oder auch unten hindurch kriechen kann. Beobachten Sie, wie Ihre Kaninchen das ganze „Gelände" vorsichtig erforschen. Wenn Sie genau hinsehen, können Sie entdecken, welche Gegenstände Ihre Kaninchen faszinierend finden und vor welchen sie vielleicht sogar Respekt haben. Sind einmal alle Winkel erforscht, kann es schon passieren, dass die Kleinen anfangen „abfangen" zu spielen und zwischen den Gegenständen geschickt hindurchhuschen.

Der Futterigel

Der Futterigel (selbstgebastelt oder aus dem Fachhandel) ist eine Möglichkeit, Frischfutter attraktiv zu servieren. Der Futterigel besteht im Wesentlichen aus einem Ast oder dünnem Baumstamm mit verschieden großen Bohrlöchern, in die man geschnittenes Gemüse stecken und so spannend servieren kann.

Äste-Mikado

Eine gute Möglichkeit, wie Sie Ihre Kaninchen sinnvoll beschäftigen können, ist das Äste-Mikado. Sammeln Sie Äste von ungespritzten Apfel- oder Birnbäumen (bitte nicht in der Nähe von stark befahrenen Straßen) und legen Sie diese kreuz und quer übereinander. Dazwischen können Sie kleine Futterstücke, frisches Gras und Kräuter streuen, die natürlich bis zum Boden durchfallen. Ihre Kaninchen werden sich nun nach und nach zu den Leckerbissen vorarbeiten. Lassen Sie die Äste so lange im Gehege, bis die Rinde abgenagt ist. Das hält die Zähne Ihrer Kaninchen gesund.

Das Wäscheleinen-Buffet

Dazu brauchen Sie eine ca. 2m lange stabile Schnur (aus Naturmaterialien), an die Sie im Abstand von 20-30cm jeweils eine Karotte, ein Stück Sellerie oder andere Leckereien knüpfen. Wenn Sie das Gemüse fest anbinden und die Schnur in 20cm Höhe über dem Boden waagrecht aufspannen, müssen sich Ihre kleinen Gefährten jeden einzelnen Bissen erarbeiten. Das erfordert schon etwas Geduld und Ausdauer.

Das Tunnel-Labyrinth

Keine Sorge, Sie müssen kein begnadeter Handwerker sein, um ein Labyrinth zu basteln. Es reichen schon ein paar größere und stabile Kartons, in die Sie Durchschlupflöcher schneiden und die Sie im Freilaufzimmer oder im Gehege aufstellen. Dazu lassen sich aus Sesseln, Hockern und Tischen noch ein paar interessante Tunnels gestalten, indem Sie eine Decke oder ein Handtuch darüber hängen. Schon ist Ihr Labyrinth fertig. Und das Beste daran: Sie können es immer wieder neu anordnen. So bleibt diese Beschäftigungsvariante mit Sicherheit spannend.

Duft- und Kräuter-Säckchen

Kaninchen erschnuppern ja förmlich ihre Umwelt. Da die Dufteindrücke in geschlossenen Wohnräumen aber nur relativ wenige und kaum abwechslungsreich sind, können Sie Ihren Wohnungskaninchen mit den Säckchen eine besondere Freude machen. Verteilen Sie z.B. Duftsäckchen aus Papier, in die Sie kleine Löcher schneiden, im Freilaufbereich. Sie können die Säckchen auf den Boden legen, im Häuschen oder erhöht aufhängen. So entsteht ein dreidimensionales Dufterlebnis für Ihre Kaninchen. Verwenden Sie allerdings keine Parfums oder andere stark riechende Substanzen, das könnte die Schleimhäute zu sehr reizen. Verwenden Sie natürliche Dinge wie z.B. getrocknete Gemüsestückchen, frische Löwenzahnblüten, frischen Salbei, Petersilie, Karottengrün, eine Spalte einer frischen Orange (ohne Schale) oder eine Lavendelblüte.

Die Blumentopf-Treppe

Ein wenig Sport muss sein. Deshalb können Sie Ihre Kaninchen gerne mit feinen Kräutern über eine kleine Treppe aus stabilen und rutschfest platzierten Blumentöpfen locken. Folgen Ihre Kaninchen dem Duft der frischen Kräuter, bekommen sie auch die in Aussicht gestellte Belohnung.

Weihnachtsbaum und Osterstrauch

Wie wäre es, wenn Sie Ihren Weihnachtsbaum, oder zumindest einen Ast davon, nach Weihnachten Ihren Kaninchen spendieren würden, befreit von Christbaumschmuck und Wachsresten und stattdessen bestückt mit kleinen Leckereien, nach denen sich Ihre Kaninchen strecken müssen, wenn sie sie erreichen möchten. Solch kleine Turnübungen halten den Körper fit und beweglich. Zusätzlich können Ihre kleinen Hausgenossen an den Nadeln und Ästen knabbern, was manche Tiere sehr gerne tun. Tannen scheinen übrigens besser zu schmecken als Fichten ☺. Denken Sie aber daran, dass Nadelbäume ätherische Öle enthalten und daher nicht dauerhaft und nur in begrenzten Mengen zur Verfügung stehen sollten.

Im Frühling können Sie für den Osterstrauch einen ungespritzten Apfelbaumzweig mit frischen Trieben und jungen Blättern verwenden. Selbst dessen Rinde werden Ihre kleinen Kaninchen restlos abnagen und so die Zähne gesund und sauber halten.

Die Osternest-Suche

Ein Osternest im grünen Gras, ja wo gibt's denn so etwas? Schneiden Sie eine Karotte oder einen Apfel klein und verstreuen Sie die Stücke in der Wiese oder in dem Zimmer, in dem Ihre Kaninchen frei laufen dürfen. Ihre Kaninchen freuen sich, wenn sie unterwegs immer wieder etwas finden, und machen zugleich ein wenig Ausgleichs-Sport. Außerdem entspricht das dem natürlichen Verhalten von Kaninchen, die viel Zeit des Tages damit verbringen, herumzuhoppeln und Kräuter und Gras zu zupfen. Daher ist dieses Spiel auch sehr empfehlenswert für Wohnungskaninchen.

Das Hütchen-Spiel

Sammeln Sie leere, ausgewaschene Joghurtbecher und machen Sie jeweils ein kleines Loch in den Boden. Dann verteilen Sie mehrere Becher kopfüber auf dem Boden Ihres Freilaufzimmers und verstecken unter jedem Becher ein ganz kleines Karotten-Apfel-, Birne- oder Selleriestückchen, oder aber feine Kräuter. Die Stücke sollten wirklich so klein sein, dass Ihre kleinen Hoppler nicht lange daran kauen müssen und sich gleich dem nächsten Becher zuwenden können. Durch die Löcher und die verschiedenen Leckereien entsteht eine kleine Duftstraße.

Jeder Becher riecht anders, je nachdem was Sie darunter versteckt haben. Lassen Sie Ihre Kaninchen diese Duftreise machen und beobachten Sie einfach still aus der Entfernung. Wenn Sie ganz genau hinschauen, dann können Sie vielleicht entdecken, dass Ihre Kaninchen bestimmte Düfte und Leckereien vorziehen und an anderen Bechern wiederum relativ interesselos vorbeihoppeln.

Kaninchen-Hochhäuser

Vielleicht haben Sie ja einen größeren, stabilen Karton zu Hause und wissen nicht wohin damit? Dann basteln Sie doch ein Hochhaus mit Dachterrasse für Ihre Kaninchen daraus. Das geht ganz einfach. Sie schneiden den Karton in der Mitte waagrecht auseinander. Die obere Hälfte stellen Sie neben sich ab. Das wird der erste Stock des Hauses. Die untere Hälfte stellen Sie auf den Kopf. Das wird das Erdgeschoß. In beide Teile können Sie nun nach Belieben Schlupflöcher schneiden. Befestigen Sie anschließend die beiden Teile aufeinander. Wenn Sie auch Durchschlupflöcher in das „Dach“ eines jeden Stockwerkes geschnitten haben, können Ihre Kaninchen jetzt ungehindert vom Erdgeschoß aus direkt in das Obergeschoß krabbeln und von dort wieder herausspringen oder weiter oben noch die „Dachterrasse“ erforschen. Einige Kaninchen verwenden das neue Haus auch zum Ausruhen und Schlafen.

Der Futterball

Futterbälle (aus dem Fachhandel) sind innen hohl und mit einer kleinen Öffnung versehen, durch die Sie Leckereien wie z.B. getrocknetes Obst einfüllen können. Die Kaninchen stupsen den Ball immer wieder mit ihrer Nase an, rollen ihn so weiter und ab und zu fällt dann ein Stückchen heraus, das dann gerne gefressen wird. Mit dem Futterball können sich Kaninchen einige Minuten lang beschäftigen. Wenn sie dazwischen Pausen einlegen, ist das auch in Ordnung. Sie hoppeln dann von selbst wieder zum Ball hin und stupsen ihn von Neuem an.
Interessieren sich Ihre Kaninchen gar nicht dafür, könnte es daran liegen, dass sie entweder satt sind, müde, oder sich für die Füllung nicht interessieren. Verwenden Sie Obst und Gemüse, das Ihre Tiere wirklich gerne fressen und variieren Sie von Zeit zu Zeit die Füllung, damit das Spiel nie langweilig wird. Ein Tipp: Bleiben Sie dabei, wenn Sie Ihren Kaninchen den Ball geben, denn es ist sehr interessant zu beobachten, welche Strategien sie sich einfallen lassen, um an den Inhalt des Balls zu gelangen.

Die Gitterkugel

Die Gitterkugel (aus dem Fachhandel) besteht im Vergleich zum Futterball aus einem Drahtgeflecht und hat eine Aufhängung. Diese Kugel können Sie mit Heu, Grünfutter, Obst oder Gemüse füllen und erhöht aufhängen. Ihre Kaninchen müssen sich die Leckerbissen einzeln herausarbeiten und sind so eine Zeit lang beschäftigt. Eine sinnvolle und gesunde Alternative zu Kräckern oder zur Fütterung aus dem Napf.

Die Karottenangel

Alles was Sie dazu brauchen ist ein Stock, an dessen Ende Sie eine Schnur binden. An das andere Ende der Schnur binden Sie eine Karotte, und schon können Sie Ihre Kaninchen angeln! Sie werden der Karotte nachhoppeln, sich in die Höhe strecken und immer wieder versuchen, die Karotte zu erwischen. Übertreiben Sie es aber bitte nicht und sorgen Sie dafür, dass Ihre Kaninchen immer wieder einmal von der Karotte abbeißen können, sonst verlieren sie die Freude an dem Spiel. Diese Übung ist das ultimative Abnehmprogramm für Kaninchen, die schon etwas dicker sind.
Auch der Knabberring-Regen und das Wäscheleinen-Büffet eignen sich gut für Kaninchen, die zum dick werden neigen.

Die Glockenrolle

Die Glockenrolle (aus dem Fachhandel) besteht aus einer Holzrolle mit einem Glöckchen darin. Testen Sie aus, ob sich Ihre Kaninchen dafür begeistern können. Auf den Geschmack bringen Sie Ihre kleinen Mitbewohner, indem Sie ein Salatblatt in die Rolle stopfen, bevor Sie diese Ihren kleinen Hausgenossen reichen.

Der Früchtespieß

Der Früchtespieß (aus dem Fachhandel) besteht aus einem Metallspieß mit sicherem Schraubverschluss am unteren Ende und einem Karabinerhaken am oberen Ende. Den Spieß hängen Sie so in das Gehege oder in den Käfig, dass sich Ihre Kaninchen schon ordentlich anstrengen und jeden Bissen einzeln erarbeiten müssen. Der Spieß kann immer wieder neu bestückt werden. Wechseln Sie also ruhig die Obst- und Gemüsesorten ab, damit das Ganze spannend bleibt!

Knabber-Kissen

Geschenke auspacken

Dazu können Sie alles an Papier und Kartons verwenden, was Sie sonst in den Müll werfen würden. Zeitungspapier, leere Eierkartons, kleine Schachteln, leere WC-Papier- oder Küchenrollen. Geben Sie in die Rolle bzw. in den Eierkarton ein paar Leckereien und schließen Sie diese. Rollen verschließen Sie durch Einbiegen der Ränder oder indem Sie Papier oder Heu hineinstopfen. Ein paar kleine Löcher sorgen dafür, dass Ihre Kaninchen den Inhalt gut riechen können. Die kleinen Hoppler werden nun versuchen, ihr Geschenk auszupacken. Dabei entwickeln manche Tiere ganz eigene Strategien. Wenn die Verpackung am Anfang noch recht einfach zu öffnen ist, haben Ihre Kaninchen schon bald ein Erfolgserlebnis. Sie können den Schwierigkeitsgrad mit der Zeit steigern, indem Sie die Schachteln und Rollen immer fester verschließen. Viel Spaß beim Beobachten!

Die Schatzkiste

Wenn Ihre Kaninchen schon geübt sind im Geschenke auspacken, dann können Sie den Schwierigkeitsgrad noch ein wenig steigern. Packen Sie z.B. mehrere gefüllte Rollen und Eierkartons in eine leere Schuhschachtel. Wenn Sie dann noch ein paar Leckereien und einige Papierknäuel dazwischen streuen, ist Ihre Schatzkiste aus Altpapier fertig! Ihre Kaninchen werden Spaß daran haben, darin herumzuwühlen und die Schätze zu finden.

Die Buddelkisten-Überraschung

Bei der Buddelkisten-Überraschung handelt es sich um eine Variante der Schatzkiste. Eine Buddelkiste sollte zur Standard-Ausrüstung eines Kaninchenheimes gehören. Dazu können Sie einen breiten Balkon-Blumenkasten oder eine nicht allzu kleine Katzentoilette verwenden. Füllen Sie diese bis zur Hälfte mit Erde, Sand, Einstreu, trockenem Laub von ungespritzten Apfelbäumen, Stroh oder Papierknäueln. Danach vergraben Sie ein Geschenk darin. Wenn Ihre Kaninchen dann das nächste Mal in der Kiste buddeln, werden Sie sich bestimmt über das unerwartete Geschenk freuen. Eine ausgezeichnete Möglichkeit, wie Sie Ihren Kaninchen auch während Ihrer Abwesenheit eine Freude machen können.

Herbst und Winter

Eine Abwandlung der Osternest-Suche ist das Herbst- und Winterspiel. Zu dieser Jahreszeit können Sie Ihren Kaninchen auf einer größeren Fläche viel trockenes Laub von Apfelbäumen aufstreuen und darunter ein paar kleine Leckerbissen verstecken. Kaninchen finden die Leckereien auch im Schnee, wenn er nicht allzu hoch ist. Außerdem gefällt ihnen das Wühlen und Buddeln unheimlich! Eines meiner Kaninchen betätigt sich z.B. gerne als Schneepflug, indem es mit den Vorderpfoten den Schnee vor sich herschiebt. Viel Spaß beim Zuschauen!
Dieses Spiel ist nur für Kaninchen geeignet, die die Witterung draußen gewohnt sind. Reine Wohnungskaninchen sollten Sie nicht plötzlich in den Schnee hinaus setzen, sie könnten sich dabei erkälten.

Bunny-Billard

Eigentlich handelt es sich dabei um ein Intelligenzspiel für Hunde (aus dem Fachhandel). Dieses Spiel stellt aber kein Problem für Kaninchen dar. Es besteht im Wesentlichen aus einer Bodenplatte aus Holz, in die Löcher eingefräst sind. In diese Löcher werden kleine, aber verlockende Leckereien gefüllt. Große Holzkugeln verdecken anschließend die Öffnungen. Wenn Sie Ihren Kaninchen das Spiel geben, lassen Sie Ihren Tieren ausreichend Zeit damit sie selbst herausfinden können, welche Strategie zum Erfolg führt. Es wird nicht lange dauern und alle Kugeln rollen blitzschnell durch die Gegend. Leichter wird es für die Kaninchen, wenn Sie beim ersten Mal so große Obststückchen in die ausgefrästen Löcher legen, dass sie durch die Kugeln nicht vollständig verdeckt sind. Haben die Kaninchen erst einmal das Spiel verstanden, können die Stückchen auch so klein ausfallen, dass sie nicht mehr zum Vorschein kommen.

Der Knabberring-Regen

Stellen Sie 2 Stühle auf und legen Sie einen Besenstiel quer darüber. An diesem Besenstiel befestigen Sie einige stärkere und unterschiedlich lange Bindfäden. An das untere Ende der Fäden binden Sie jeweils einen Knabberring. Die Fäden sollten nicht zu dünn sein, damit sie nicht reißen. Die Knabberringe befestigen Sie am besten so, dass sich die Knoten leicht lösen, sobald Ihre Kaninchen an den Ringen zupfen. Diese Übung ist gar nicht einmal so einfach wie sie zunächst aussehen mag, denn die Ringe lassen sich nur schwer fassen und baumeln in alle Richtungen. Je länger die Fäden sind und desto mehr sich ihre Kaninchen zu den Ringen in die Höhe strecken müssen, desto schwieriger wird die Übung. Wenn Sie Ihren Tieren diese Fitness-Übung gönnen, sollten Sie unbedingt einen Fotoapparat in der Nähe haben, denn lustige Schnappschüsse erhalten Sie dabei mit Sicherheit.
Der Knabberring-Regen und das Wäscheleinen-Büffet eignen sich übrigens besonders gut für Kaninchen, die zum dick werden neigen. Zu diesem Zweck verwenden Sie anstatt der Ringe aber besser Gemüsestückchen oder Löwenzahnblüten.

Die Lade

Eine Lade können Sie ganz einfach aus einer leeren Keksschachtel basteln. Sie müssen lediglich an die innere Kunststofflade einen Karton kleben, damit Ihre Kaninchen eine Fläche zum Hineinbeißen haben. Öffnen Sie die Lade anfangs noch einen Zentimeter und warten Sie wiederum ab, welche Strategien sich Ihre Kaninchen einfallen lassen, um an die Leckerei im Inneren der Lade zu gelangen.

Das Säulen-Spiel

Dieses Spiel (aus dem Fachhandel) ist recht anspruchsvoll für Kaninchen, da es eigentlich als Intelligenzspiel für Hunde konzipiert wurde. Es besteht aus einer hölzernen Bodenplatte mit vorgebohrten Vertiefungen, in die wiederum Futter gefüllt wird. Verdeckt werden diese Vertiefungen durch Säulen, die jeweils mittels eines Scharniers an der Bodenplatte befestigt sind. Diese Säulen müssen umgekippt werden, damit die Vertiefungen zum Vorschein kommen. Das schwierige daran ist, dass sich die Säulen abwechselnd nach rechts und links umkippen lassen. Testen Sie aus, ob sich Ihre Kaninchen an dem Geräusch der umfallenden Säulen erschrecken. Wenn dem so ist, können Sie das Geräusch mit einem kleinen Aufkleber aus Filz dämpfen.

Wenn Sie zu Anfang die Säulen nicht ganz hochklappen, sondern einen kleinen Spalt offen lassen, tun sich Ihre Kaninchen leichter, das System dieses Spieles zu verstehen. Sind alle Säulen umgeklappt, die nach rechts fallen, drehen Sie am besten das Spiel um, sodass die noch stehenden Säulen ebenfalls nach rechts umgeklappt werden können.
Nach ein paar Wiederholungen, wenn Ihre Kaninchen schon wissen, was sie zu tun haben (nämlich die Säulen anzustupsen damit diese umfallen), steigern Sie den Schwierigkeitsgrad, indem Sie keinen Spalt mehr offen lassen. Haben Sie Geduld und beobachten Sie in Ruhe. Ihre hoppelnden Zeitgenossen werden es schaffen, die Säulen umzuklappen. Jedes Tier entwickelt dabei eine andere Strategie. Manche Stupsen die Säulen an, andere wiederum beißen in die Säulen hinein und heben sie hoch und wieder andere benutzen ihre Vorderpfoten, um sie umzuwerfen. Welche Strategien werden sich wohl Ihre Kaninchen einfallen lassen?
Als nächsten Schritt drehen Sie das Spiel nicht mehr um. Zeigen Sie Ihren kleinen Mitbewohnern stattdessen, von welcher Seite sie die Säulen umwerfen müssen, indem Sie mit dem Finger die jeweilige Säule an der Seite antippen, an der auch die Kaninchen anstupsen sollen.
Wenn Sie Ihre Tiere dieses Spiel ein paar Mal täglich ausprobieren lassen und jeden einzelnen Schritt ein paar Tage lang beibehalten, bevor Sie zum nächsten übergehen, werden Ihre Kaninchen in spätestens 2 Wochen systematisch an dieses Spiel herangehen und die einzelnen Säulen ruck zuck abwechselnd nach rechts und links umwerfen. Wichtig ist, dass Sie Ihren kleinen Kameraden beim Üben ausreichend Zeit zum Nachdenken lassen. Greifen Sie erst dann helfend ein, wenn sich abzeichnet, dass die Kaninchen sonst das Interesse an dem Spiel verlieren würden.

Ziehen oder besser schieben?

Auch hier handelt es sich um ein Spiel für Hunde (aus dem Fachhandel) und ist daher recht anspruchsvoll für Kaninchen. Aber nachdem unsere Tiere jetzt schon richtig gut gelernt haben, Ihre Köpfchen zu benutzen, werden sie auch an diesem Spiel ihren Spaß haben. Es besteht im Prinzip aus einigen Schiebeelementen, die in zwei Richtungen bewegt werden können. Verschieben Ihre Kaninchen die Teile, gelangen sie an die darunter versteckten Vertiefungen samt schmackhaftem Inhalt. Sie können Ihren Tieren auch hier den Einstieg erleichtern, indem Sie die Elemente anfangs nicht ganz zuschieben, sondern einen kleinen Spalt offen lassen.

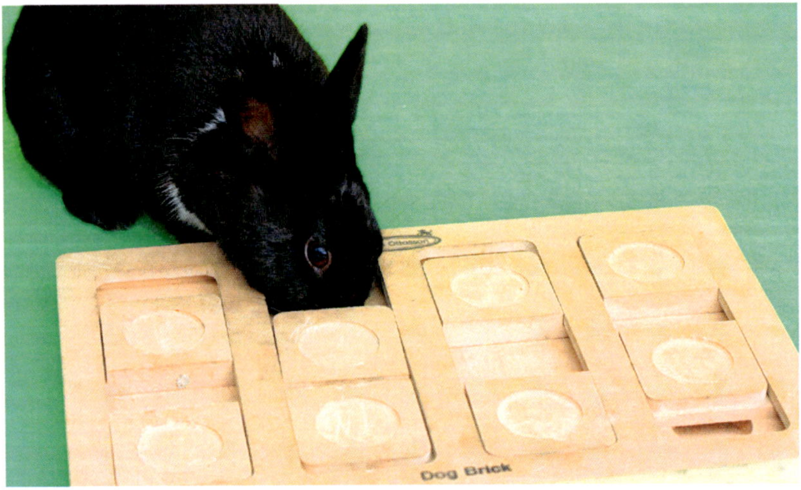

Das Deckel-Spiel

Bei diesem Spiel (aus dem Fachhandel für Hunde) geht es darum, die drei Deckel abzuheben, um an die darunter liegenden Leckereien zu gelangen. Dazu gibt es grundsätzlich zwei Möglichkeiten: hochheben oder zur Seite klappen. Da Kaninchen meist ein zu kleines Maul haben, um in die großen Griffe der Deckel hineinbeißen zu können, werden sie versuchen, die Vorderpfoten einzusetzen, um die Deckel zur Seite zu klappen. Egal welche Methode Ihre kleinen Mitbewohner entwickeln, um ans Ziel zu kommen, am Ende zählt nämlich nur eines: Sie haben das Gehirn Ihrer Kaninchen kräftig angeregt, was Ihnen Ihre kleinen Kuschelnasen mit mehr Ausgeglichenheit, Zufriedenheit und einer besseren Gesundheit danken werden.

Kaninchentraining

Die goldenen Regeln des Kaninchentrainings

Wenn Sie beim Trainieren folgende Grundregeln beachten, werden Sie und Ihre Kaninchen mehr Spaß bei der Sache haben und schneller voran kommen.

1) Trainieren Sie immer nur mit einem Kaninchen und nur dann, wenn Sie Geduld, Verständnis und Humor aufbringen können. Trainieren Sie nicht, wenn Sie angespannt, ungeduldig und gereizt sind, denn unter diesen Bedingungen sind Misserfolge vorprogrammiert!

2) Sprechen Sie nur das Nötigste mit Ihrem Tier während des Trainings (z.B. Kommandos und Lob), zu viele Worte können Ihr Kaninchen verwirren. Manche Tiere verlieren auch schnell die Konzentration, wenn sie immer wieder zwischendurch gestreichelt werden.

3) Beobachten Sie Ihr Kaninchen und achten Sie darauf, welche Verhaltensweisen es von sich aus anbietet. Nutzen Sie die natürlichen Veranlagungen und Vorlieben für den ersten Trick, den Sie ihm beibringen möchten. So machen Sie Ihrem Tier das Lernen leichter. Springt es z.B. gerne auf erhöhte Plätze, dann könnte die erste Übung darin bestehen, ihm beizubringen, in Ihren Schoß zu springen.

4) Beginnen Sie mit einfachen Übungen und steigern Sie sich allmählich. Sie selbst haben auch in der Volksschule begonnen und nicht mit einer Berufsausbildung.

5) Beginnen Sie alle Übungen in einer ruhigen, ablenkungsfreien Umgebung, die Ihrem Kaninchen sehr vertraut ist. So kann es sich leichter konzentrieren. Vermeiden Sie fremde Gerüche, schalten Sie den Radio aus und sorgen Sie dafür, dass keine weiteren Familienmitglieder quer durch das Zimmer laufen, während Sie üben. Lassen Sie das Kaninchen zusätzlich den Raum vorab erkunden.

6) Bevor Sie etwas von Ihrem Kaninchen verlangen oder ihm etwas lernen können, müssen Sie erst einmal seine ganze Aufmerksamkeit auf sich lenken. Lernen Sie Ihrem Kaninchen deshalb, als Reaktion auf ein bestimmtes Handzeichen oder auf ein bestimmtes Geräusch hin, zu Ihnen zu schauen. (Die Beschreibung dieser Übung finden Sie im Anschluss.)

7) Zerteilen Sie die Übung in kleinste Schritte. Erst wenn das Kaninchen einen Schritt verstanden hat und sicher ausführt, beginnen Sie mit dem nächsten Schritt. Klappt auch das gut, üben Sie beide Schritte zusammen so lange, bis es auch das verstanden hat. Dann können Sie mit dem dritten Schritt beginnen.

8) Der Übungsaufbau ist entscheidend: Überlegen Sie sich im Vorfeld, was Ihr Kaninchen tun soll und gestalten Sie die Umgebung so, dass Ihr Kaninchen nach Möglichkeit nur die richtige Reaktion zeigen kann. Dann starten Sie und Ihr Hoppler gleich mit einem Erfolgserlebnis und können ihn sofort belohnen.

9) Bestrafen Sie Ihr Kaninchen nicht, wenn es etwas nicht gleich versteht. Überlegen Sie lieber, wie Sie die Übung einfacher gestalten können. Das Training soll die grauen Zellen des Kaninchens anregen und Spaß machen, machen Sie keinen Leistungssport daraus!

10) Bei schwierigeren Übungen motivieren Sie Ihr Kaninchen dazu, das zu tun was Sie möchten. Erst wenn es verstanden hat, was es tun soll, können Sie ein Kommando oder ein Handzeichen dafür einführen.

11) Die Motivations- und Belohnungspyramide zu kennen, ist an dieser Stelle sehr hilfreich: Finden Sie heraus, was Ihr Kaninchen am meisten motiviert. Halten Sie ihm zugleich in ca. 2cm Abstand ein kleines Apfelstückchen und ein Karottenstückchen hin. Frisst es den Apfel zuerst, dann schmeckt ihm der Apfel besser. Halten Sie ihm danach z.B. ein kleines Apfelstückchen und ein Löwenzahnblättchen hin. Frisst es wieder den Apfel zuerst, steht fest, dass es den Apfel liebt usw.

12) Zum Training benötigen Sie 2 Arten von Leckerchen: Leckerchen, die Ihr Tier sehr gerne mag und Leckerchen, die es absolut liebt und für die es alles tun würde. Letztere setzen Sie als Motivation ein, wenn eine Übung ganz besonders schwierig oder lang andauernd ist, oder aber als Belohnung, wenn Sie einen Durchbruch erzielt haben, sozusagen als Jackpot!

13) Das Timing spielt eine wesentliche Rolle: Belohnen Sie Ihr Kaninchen ausgiebig, wenn es eine Übung sehr gut gemacht hat (Jackpot), und das schnell! Die Belohnung muss innerhalb von maximal 2 Sekunden erfolgen, damit das Kaninchen seine Handlung damit verknüpfen kann. Halten Sie also immer ein paar Leckerchen in Ihrer Hand bereit, um schnell genug reagieren zu können.

14) Verwenden Sie bitte nur gesunde Leckereien! Getrocknete Kräuter, Löwenzahnblättchen (in kleine Teile gezupft), Gänseblümchen, kleine Apfelstückchen usw. Verwenden Sie bitte keine Produkte, die Getreide, Zucker oder Milchprodukte enthalten, denn diese Lebensmittel können sich negativ auf den Zahn- und Verdauungsapparat auswirken und dick machen. Sie können z.B. die gesamte tägliche Obst- und Gemüseration beim Spielen und Üben verfüttern! Schneiden Sie die Leckereien in winzig kleine Stücke. 5x5x5mm für weiche Lebensmittel wie z.B. Apfelstückchen, hartes Gemüse wie Karotten schneiden Sie in 2x2mm dünne und maximal 1cm lange Streifen (damit Sie sie leichter angreifen können), die nicht erst lange gekaut werden müssen. Das ist wichtig, denn nur so bleibt die Konzentration bestehen.

15) Wenn Ihr Kaninchen die Aufgabe sehr gut gemacht oder einen entscheidenden Durchbruch erreicht hat, machen Sie sofort eine lange Pause. In dieser Pause festigt sich das Gelernte im Gehirn Ihres Kaninchens!

16) Schließen Sie jede kleine Trainingseinheit mit einem Erfolgserlebnis ab. Wenn nötig, beenden Sie das Training mit einer ganz einfachen Übung, die Ihr Kaninchen schon gut kann. Hauptsache Sie können Ihr Tier noch einmal richtig loben! So kommt nie Frust auf, selbst wenn es einmal nicht klappen sollte.

17) Ihr Kaninchen zeigt Ihnen an, wenn es eine Pause braucht. Zwingen Sie es keinesfalls zum Training, wenn es nicht mehr möchte. Oft reicht eine Pause von 5 bis 10 Minuten und die Tiere kommen wieder von selbst angehoppelt. Bedenken Sie, dass sich ein Kaninchen nur ein paar Minuten lang konzentrieren kann!

18) Üben Sie immer nur mit einem Kaninchen und nur kurz (ca. 5 Minuten). Das zweite kann ja inzwischen Pause machen. Danach wechseln Sie, das Kaninchen mit dem Sie gerade geübt haben, darf jetzt Pause machen, während Sie mit dem anderen weiter üben usw.

19) Wenn Sie einen Trick einstudiert haben und das Kaninchen ihn schon gut kann, wiederholen Sie ihn trotzdem gelegentlich. Wenn Sie einen Trick ein paar Wochen lang nicht wiederholen, kann es durchaus sein, dass Ihr Kaninchen ihn wieder vergisst.

20) Vielleicht möchten Sie Ihren Freunden zeigen, was Ihr Kaninchen alles kann. Seien Sie aber nicht enttäuscht, wenn das nicht gleich klappt. Fremde Leute, mehr Lärm, neue Gerüche, ... das alles kann eine große Ablenkung darstellen und Ihr Kaninchen kann sich dann plötzlich gar nicht mehr konzentrieren. Das ist völlig normal. Bevor Sie Menschen einladen, ist es daher wichtig, alle Tricks auch unter Ablenkung zu üben. Schalten Sie z.B. den Radio ganz leise ein oder lassen Sie beim Üben jemanden langsam durch das Zimmer gehen usw. So gewöhnt sich Ihr Kaninchen langsam daran. Fangen Sie auch hier wieder in kleinen Schritten und mit einfachen Übungen an, die Ihr Kaninchen schon gut kann und steigern Sie die Ablenkung ganz behutsam von Mal zu Mal.

Für Kaninchen sind manche Kunststückchen einfacher, andere wiederum schwieriger zu erlernen. Die einzelnen Tricks werden daher auf den folgenden Seiten ausführlich erklärt und bauen teilweise aufeinander auf. Deshalb empfehle ich Ihnen, die Übungen in der angeführten Reihenfolge zu trainieren.

1. Die Aufmerksamkeitsübung

Ziel der Übung

Sie können Ihr Kaninchen nur dann dazu auffordern ein Kunststückchen zu machen, wenn es wirklich mit seiner ganzen Aufmerksamkeit und Konzentration bei Ihnen ist. Deshalb ist diese erste Übung so wichtig für alle weiteren Tricks, die Sie Ihrem kleinen Mitbewohner noch lernen möchten!
Ziel dieser Übung ist es, dass Ihr Kaninchen auf ein bestimmtes Geräusch hin zu Ihnen schaut. Geräusche haben im Vergleich zu Worten den Vorteil, dass sie sich immer gleich anhören und nicht auf verschiedene Weise betont werden können. Überlegen Sie sich, welches Geräusch Sie gerne einsetzen möchten und bedenken Sie dabei, dass Kaninchen eher ängstlich auf laute und hohe Töne reagieren. Sie können z.B. „Pssst“ sagen, mit der Zunge schnalzen oder mit dem Finger schnippen ... Entscheiden Sie sich für ein Geräusch und verwenden Sie dann nur noch dieses.

Übungsaufbau & Schritte

1) Sorgen Sie für eine ablenkungsfreie, ruhige Umgebung.

2) Bereiten Sie eine ausreichende Menge an kleinen Leckerchen vor und nehmen Sie ein paar davon in die Hand, bevor Sie mit dem Training beginnen.

3) Setzen Sie sich zu Ihrem Kaninchen auf den Boden und halten Sie ein Leckerchen zwischen Daumen und Zeigefinger bereit.

4) Das Kaninchen sitzt direkt vor Ihnen und interessiert sich schon für die Leckereien in Ihrer Hand. Es ist ganz wichtig, dass das Kaninchen mit seiner Aufmerksamkeit bereits bei Ihnen ist. Nun müssen Sie 2 Dinge zeitgleich tun. Sie halten ihm das Leckerchen hin und im selben Augenblick, in dem es das Leckerchen nimmt, machen Sie das Aufmerksamkeitsgeräusch. Warten Sie, bis es fertig gefressen hat.

5) Wiederholen Sie diese Übung 5mal. Danach machen Sie eine Minute Pause und wiederholen die Übung dann noch 5mal.

6) Wenn Schritt 5 bereits gut klappt und das Kaninchen mit seiner Aufmerksamkeit ganz bei Ihnen ist, warten Sie mit der Belohnung 1-2 Sekunden. So halten Sie seine Aufmerksamkeit länger. Wiederholen Sie auch diesen Schritt 5mal und machen Sie eine Pause, bevor Sie es wieder versuchen. Wenn auch das gut klappt, gehen Sie weiter zu Schritt 7.

7) Warten Sie, bis Ihr Kaninchen kurz einmal zur Seite schaut (seine Aufmerksamkeit auf etwas anderes richtet). Sie sitzen noch immer direkt vor ihm und machen das Geräusch. Schaut das Kaninchen sofort zu Ihnen, wird es gelobt und bekommt sofort sein Leckerchen. Wiederholen Sie auch diesen Schritt einige Male mit Pausen dazwischen.

8) Gehen Sie wie bei Schritt 7 vor, aber zögern Sie die Leckerchen-Gabe 2 Sekunden hinaus. Funktioniert das gut, haben Sie nun ein Kaninchen, das verstanden hat, dass es immer dann einen Leckerbissen erhält, wenn es auf das Geräusch reagiert und zu Ihnen schaut. Gratulation!

9) Gehen Sie nun einen Schritt weiter. Entfernen Sie sich 30cm von Ihrem Kaninchen und machen Sie das Geräusch. Schaut es sofort zu Ihnen her, strecken Sie den Arm mit dem Leckerchen aus und geben Sie es ihm. Funktioniert das noch nicht, gehen Sie 1 bis 2 Schritte zurück im Training.

10) Dehnen Sie langsam die Distanz aus, auf die Ihr Kaninchen gut reagiert und gehen Sie jedes Mal sofort zu ihm zurück, wenn es reagiert, um es zu belohnen.

11) Wenn Schritt 10 gut klappt, können Sie, wenn Sie möchten, ein klein wenig die Ablenkung steigern (es könnte z.B. noch jemand im Zimmer anwesend sein oder der Radio könnte ganz leise Musik spielen ...). Beginnen Sie bei Schritt 4 und arbeiten Sie sich wieder bis Schritt 10 hoch. Sie haben nun ein Kaninchen, das selbst bei kleineren Ablenkungen noch gut auf Sie reagiert.

?

Was kann passieren und wie reagieren Sie richtig darauf?

Reagiert das Kaninchen von Anfang an nicht auf Ihr Geräusch, versuchen Sie es mit einem anderen Geräusch oder Leckerchen und prüfen Sie, ob Sie die Leckerchen schnell genug geben.

Hört Ihr Kaninchen schon ganz gut darauf, hört aber irgendwann auf zu reagieren, kann es sein, dass Sie zu oft oder zu lange trainiert haben bzw. zu schnell im Training voran gegangen sind oder die Ablenkung zu hoch war. Machen Sie einen Tag Pause und gehen Sie ein paar Schritte im Training zurück. Hilft auch das nicht, starten Sie bei Schritt I mit einem neuen Geräusch und arbeiten Sie sich Tag für Tag und Schritt für Schritt weiter vor.

!

Tipp

Wenn Sich Ihr Kaninchen täglich die Leckerchen erst im gemeinsamen Spiel und Training verdienen muss, wird es gerne mitmachen. Ist Ihr Kaninchen dagegen schon satt und bekommt sowieso die besten Leckereien in Hülle und Fülle im Napf präsentiert, wird die Motivation, sein Köpfchen anzustrengen, nicht so hoch sein.

2. Auf den eigenen Namen hören

Ziel der Übung

Sie wollen Ihr Kaninchen nicht mehr hinter dem Regal hervor scheuchen müssen, weil die Gefahr besteht, dass es dort Stromleitungen anknabbert? Sie möchten auch nicht zwischen Ihren Zimmerpflanzen auf allen Vieren herum kriechen, um Ihr Kaninchen herauszufischen, weil die Gefahr besteht, dass es giftige Zimmerpflanzen anknabbert? Dann ist diese Übung genau die richtige für Sie! Ihr Kaninchen lernt, dass es zu Ihnen kommen soll, wenn Sie es beim Namen rufen.

Übungsaufbau & Schritte

1) Im Prinzip ähnelt diese Übung sehr stark der Aufmerksamkeitsübung. Sie müssen lediglich das Aufmerksamkeitsgeräusch durch den Namen des Kaninchens ersetzen. So können Sie die Schritte 1 bis 8 üben. Schritt 9 und 10 führen Sie ebenfalls durch, achten aber darauf, dass das Kaninchen jetzt zu Ihnen hoppelt, um sich seine Belohnung abzuholen.

2) Wenn das Kaninchen auch noch aus 3m Distanz angelaufen kommt, wenn Sie seinen Namen rufen, können Sie langsam damit beginnen, die Ablenkung zu steigern.

3) Eine weitere Möglichkeit, die Übung anspruchsvoller zu gestalten, ist die, sich halb hinter einer offenen Türe oder dem Kaninchenstall zu verstecken, damit Sie nur noch teilweise für Ihr Kaninchen sichtbar sind. Das können Sie langsam so weit steigern, bis Sie zur Gänze außer Sichtweite sind. Beachten Sie dazu auch folgenden Tipp!

? Was kann passieren und wie reagieren Sie richtig darauf?

Hier gilt dasselbe wie bei der vorangegangenen „Aufmerksamkeitsübung“.

! Tipp

Wenn Sie eine Übung schwieriger gestalten, dann achten Sie bitte darauf, immer nur ein Element zu verändern. Es ist nicht ratsam, sowohl die Distanz als auch den Grad der Ablenkung auf einmal zu erhöhen. Reduzieren Sie daher die Distanz, wenn Sie beginnen, unter Ablenkung zu trainieren usw.

3. Der Zeigestab

Ziel der Übung

Kaninchen sind sehr neugierige Tiere, die alles mit der Nase und mit den Nagezähnen untersuchen. Nutzen Sie das, so können Sie Ihrem Kaninchen viel beibringen! Ihr Kaninchen lernt, dass es sich lohnt, einem Zeigestab zu folgen. So können Sie ihm z.B. zeigen, wohin es laufen soll.

Übungsaufbau & Schritte

1) Sorgen Sie für eine ablenkungsfreie, ruhige Umgebung.

2) Bereiten Sie eine ausreichende Menge an kleinen Leckerchen vor und nehmen Sie ein paar davon in die Hand, bevor Sie mit dem Training beginnen.

3) Verwenden Sie einen Zeigestab, der, wenn Sie stehen, bis zum Boden reicht, also ca. l Meter lang ist. Achten Sie darauf, dass er kein spitzes oder scharfkantiges Ende hat.

4) Stellen Sie sich zu Ihrem Kaninchen. Den Zeigestab halten Sie in der einen Hand und in der anderen halten Sie ein Leckerchen zwischen Daumen und Zeigefinger bereit.

5) Das Kaninchen befindet sich direkt vor Ihnen und interessiert sich schon für den Zeigestab. Falls nicht, verwenden Sie das Aufmerksamkeitsgeräusch und rufen Sie Ihren kleinen Schüler mit seinem Namen zu sich. Halten Sie Ihm das untere Ende des Stabes vor die Nase. Sobald Ihr Kaninchen (vorerst noch aus reiner Neugierde) den Stab mit der Nase anstupst, bekommt es aus der zweiten Hand blitzschnell ein Leckerchen (führen Sie die Leckerchen-Hand zum Stabende hin). Warten Sie, bis Ihr Kaninchen den Leckerbissen geschluckt hat.

6) Wiederholen Sie diese Übung 5mal. Machen Sie eine Minute Pause und wiederholen Sie die Übung dann noch 5mal. Schließen Sie mit einer längeren Pause ab.

7) Das nächste Mal, wenn Sie mit Ihrem Kaninchen trainieren, führen Sie bitte noch einmal die Schritte 1 bis 6 aus. Warten Sie anschließend, bis Ihr kleiner Gefährte kurz einmal

zur Seite schaut (seine Aufmerksamkeit auf etwas anderes richtet). Sie stehen noch immer direkt vor ihm und verwenden das Aufmerksamkeitsgeräusch. Schaut das Kaninchen sofort zu Ihnen, zeigen Sie ihm den Stab und es wird ihn anstupsen. Loben Sie Ihr Kaninchen sofort und stecken Sie ihm ein besonders gutes Leckerchen zu (den Jackpot). Das erhöht die Motivation!

8) Gehen Sie nun einen Schritt weiter. Entfernen Sie sich 20cm von Ihrem Kaninchen und zeigen Sie ihm den Stab. Macht es einen Hopser und stupst den Stab an, wird es sofort belohnt. Funktioniert das noch nicht, gehen Sie zurück zu Schritt 7 und üben das noch ein paar Mal.

9) Wenn Schritt 8 gut funktioniert, können Sie den Zeigestab langsam von der Nase Ihres Kaninchens wegbewegen und Ihr Kaninchen wird ihm folgen. Geben Sie ihm nach jedem Meter, den es brav nachgelaufen ist, ein Leckerchen. Sie haben nun ein Kaninchen, das gerne Ihrem Zeigestab folgt.

10) Später einmal ist es ausreichend, wenn Ihr Kaninchen alle 2 bis 3 Meter ein Leckerchen bekommt. Lassen Sie Sich für diese 10 Schritte ruhig 2 bis 3 Tage Zeit, wenn Sie z.B. 3mal täglich für kurze Zeit üben.

11) Nun können Sie, wenn Sie möchten, ein klein wenig die Ablenkung steigern. Beginnen Sie bei Schritt 5 und arbeiten Sie sich wieder bis Schritt 10 hoch. Sie haben nun ein Kaninchen, das selbst bei kleineren Ablenkungen noch Ihrem Stab folgt. Gratulation! Das ist die beste Voraussetzung, um die Tricks auf den folgenden Seiten schnellstmöglich zu erlernen.

? **Was kann passieren und wie reagieren Sie richtig darauf?**

Es könnte sein, dass Ihr Kaninchen beginnt, nur noch auf die Hand zu schauen, aus der die Leckerchen kommen. Dann hat es noch nicht verstanden, dass es das Leckerchen nur dann gibt, wenn es den Stab anstupst. Deshalb ist es wichtig, dass Sie die Hand mit dem Leckerchen zum Stabende hin führen. Verwenden Sie schmackhafte Leckerchen und prüfen Sie, ob Sie diese schnell genug nach dem Anstupsen des Stabes geben.

Nehmen Sie sich ausreichend Zeit für die einzelnen Schritte und geben Sie Ihrem Kaninchen Zeit zum Denken und Zeit, um zu verstehen. Sie werden viel Spaß beim Beobachten Ihrer Tiere haben, wenn Sie sich diese Zeit gönnen!

4. Männchen machen

Ziel der Übung

Ziel ist es, dass Ihr Kaninchen Männchen macht, sobald Sie den Zeigestab vor seiner Nase hochheben. Wenn Sie den Zeigestab wieder in Richtung Boden führen, soll das Kaninchen auch wieder mit allen vier Pfoten fest am Boden stehen.

Übungsaufbau & Schritte

1) Wenn Ihr Kaninchen mit seiner Nase zuverlässig Ihrem Zeigestab folgt, können Sie ihn einfach hochheben und Ihr Kaninchen wird ganz von selbst Männchen machen. Stecken Sie ihm sofort einen kleinen Leckerbissen zu.

2) Führen Sie den Stab wieder in Richtung Boden und Ihr Kaninchen wird wieder auf allen Vieren stehen oder sitzen. Belohnen Sie es auch jetzt dafür, dass es mit seiner Nase das Ende des Zeigestabes verfolgt hat.

?

Was kann passieren und wie reagieren Sie richtig darauf?

Wenn Sie bei der Basisübung „Zeigestab" immer darauf geachtet haben, dass das Kaninchen das Ende des Zeigestabes (und nicht irgendeinen Teil des Stabes) mit der Nase verfolgt, und Sie es immer dann belohnt haben, wenn es mit der Nase den Zeigestab berührt hat, kann beim Männchen machen nichts mehr schief gehen.

5. Auf den Hinterpfoten laufen

Ziel der Übung

Ziel ist es, dass Ihr Kaninchen Männchen macht, sobald Sie den Zeigestab vor seiner Nase hochheben und sich anschließend ein paar Schritte auf den Hinterpfoten vorwärts bewegt. Wenn Sie den Zeigestab wieder in Richtung Boden führen, soll das Kaninchen auch wieder mit allen vier Pfoten fest am Boden stehen.

Übungsaufbau & Schritte

1) Gehen Sie wie bei der Übung „Männchen machen" vor. Heben Sie den Zeigestab hoch. Macht Ihr Kaninchen Männchen, stecken Sie ihm sofort einen kleinen Leckerbissen zu.

2) Während es noch aufrecht steht, führen Sie den Zeigestab langsam und nur ein paar Zentimeter waagrecht von der Nase des Kaninchens weg. Versucht es auf den Hinterpfoten einen Schritt zu laufen, belohnen Sie es sofort, wenn es den Zeigestab wieder mit der Nase berührt hat und solange es noch auf den Hinterpfoten steht.

3) Wenn Sie den Stab wieder in Richtung Boden führen, wird Ihr Kaninchen wieder auf allen vier Pfoten stehen oder sitzen. Belohnen Sie es auch jetzt dafür, dass es mit seiner Nase das Ende des Zeigestabes verfolgt hat.

4) Bauen Sie diese Übung langsam weiter aus, sodass Ihr Kaninchen nach einigen Tagen Training schon ein paar Schritte aufrecht auf den Hinterpfoten laufen kann.

? Was kann passieren und wie reagieren Sie richtig darauf?

Natürlich kann es passieren, dass Ihr Kaninchen nicht versucht, auf den Hinterpfoten einen Schritt vorwärts zu machen, sondern auf allen vier Pfoten dem Stab hinterher zu hoppeln, um sich dann wieder aufzurichten. Belohnen Sie es trotzdem dafür, denn immerhin hat es einen Weg gefunden, seine Aufgabe zu erfüllen, wenn auch anders als wir es uns vorgestellt haben.

Sie können das vermeiden, indem Sie besonders reizvolle Leckerchen nehmen (den Jackpot) und den Stab nur sehr wenige Zentimeter und sehr langsam waagrecht von der Nase wegführen. Belohnen Sie sofort jeden klitzekleinen Schritt, den Ihr Kaninchen auf seinen Hinterpfoten macht.

6. Tanzen

Ziel der Übung

Ziel ist es, dass Ihr Kaninchen Männchen macht, sobald Sie den Zeigestab vor seiner Nase hochheben und sich anschließend im Kreis dreht. Wenn Sie den Zeigestab wieder in Richtung Boden führen, soll das Kaninchen auch wieder mit allen vier Pfoten fest am Boden stehen.

Übungsaufbau & Schritte

1) Gehen Sie wie bei der Übung „Männchen machen" vor. Heben Sie den Zeigestab hoch. Macht Ihr Kaninchen Männchen, stecken Sie ihm sofort einen kleinen Leckerbissen zu.

2) Führen Sie nun den Zeigestab ganz langsam in einem kleinen waagrechten Kreis in Höhe der Kaninchen-Nase um das Kaninchen herum. Versucht Ihr Kaninchen auf den Hinterpfoten die Drehung mitzumachen, belohnen Sie es sofort, solange es noch auf den Hinterpfoten steht, selbst wenn erst eine Vierteldrehung gelungen ist.

3) Führen Sie den Stab wieder in Richtung Boden und Ihr Kaninchen wird wieder auf allen vier Pfoten stehen oder sitzen. Belohnen Sie es auch jetzt dafür, dass es mit seiner Nase das Ende des Zeigestabes verfolgt hat.

4) Bauen Sie diese Übung langsam weiter aus, sodass Ihr Kaninchen nach einigen Trainingseinheiten schon eine Drehung auf den Hinterpfoten durchführen kann.

?

Was kann passieren und wie reagieren Sie richtig darauf?

Hier gilt dasselbe wie bei der vorangegangenen Übung „auf den Hinterpfoten laufen". Bedenken Sie aber bitte, dass das „Tanzen" eine sehr schwierige Übung für Ihr Kaninchen ist, da sie viel Gleichgewichtssinn erfordert.

7. Podeste, Treppen und Laufstege

Ziel der Übung

Ziel ist es, dass Ihr Kaninchen auf Ihre Aufforderung mit dem Zeigestab hin auf ein Podest springt, eine Treppe hinauf hoppelt oder einen Laufsteg entlang marschiert.

Übungsaufbau & Schritte

1) Wenn Ihr Kaninchen mit seiner Nase zuverlässig Ihrem Zeigestab folgt, können Sie es ganz einfach dazu bringen, auf ein Podest zu springen, denn es wird Ihrem Stab folgen.

2) Wenn Sie eine kleine Treppe zur Verfügung haben, dann können Sie das Kaninchen auch Stufe für Stufe weiter hinauf hoppeln lassen. So eine Treppe könnte z.B. auch aus 3 verschieden hohen, stabilen Schachteln oder Eimern bestehen, die auf den Kopf gestellt werden.

3) Als Laufsteg kann ein einfaches Brett dienen, dass z.B. 10cm hoch und stabil gelagert wird, damit es nicht wackeln kann. Zeigen Sie Ihrem kleinen Freund den Weg mit dem Zeigestab.

!

Tipp

Belohnen Sie Ihr Kaninchen nach jedem erfolgreich überwundenen Hindernis. Wenn Sie mehrere Podeste, Treppen und Laufstege aufstellen, können Sie Ihr Kaninchen durch einen ganzen Hindernisparcours lenken, indem Sie mit dem Zeigestab anzeigen, wohin es laufen soll.

Die gemeinsame Beschäftigung in dieser Form macht umso mehr Spaß, wenn die Podeste und Hürden nicht dauerhaft im Kaninchengehege stehen, sondern nur zu diesem speziellen Anlass aufgestellt und immer wieder variiert werden. So bleiben die Gegenstände und die Übungen interessant!

? Was kann passieren und wie reagieren Sie richtig darauf?

Studieren Sie immer nur eine Nummer mit Ihrem Kaninchen ein, nicht alle zur selben Zeit. Beginnen Sie mit dem Podest und fahren Sie erst dann mit der Treppe fort, wenn das hinauf und hinunter Springen vom Podest richtig gut funktioniert.

Hoppelt Ihr kleiner Kamerad um das Podest herum und will nicht hinauf springen, so kann das zwei Ursachen haben. Die erste ist die, dass er noch nicht verstanden hat, dass er hinauf springen soll. Belohnen Sie also im ersten Schritt schon die Ansätze, z.B. wenn er sich mit den Vorderpfoten auf das Podest stellt, um den Zeigestab anzustupsen. Entfernen Sie anschließend den Zeigestab nur wenige Zentimeter von seiner Nase, damit er sich noch mehr strecken muss, um den Stab anzustupsen und locken Sie zusätzlich mit dem Jackpot. Dann wird Ihr kleiner Freund verstehen, dass er hinauf springen soll. Lassen Sie ihm Zeit zu überlegen und zu verstehen! Setzen Sie Ihr Kaninchen keinesfalls hinauf, es soll freiwillig mitmachen.

Der zweite Grund könnte darin bestehen, dass es das Podest für unsicher hält und sich nicht hinauf zu springen traut. Kaninchen springen nicht gerne auf glatte Oberflächen wie z.B. Kunststoffeimer. Verwenden Sie daher rutschfeste Materialien, um die Hindernisse sicher zu machen. Sie können dafür Teppichreste oder Anti-Rutschmatten verwenden, oder auch Wellkarton aufkleben.

8. Durch Tunnels schlüpfen

Ziel der Übung

Ziel ist es, dass Ihr Kaninchen auf Ihre Aufforderung mit dem Zeigestab hin durch einen Tunnel hoppelt. Dieser kann aus einem Karton oder einem hohlen Baumstamm bestehen. Sie können auch einen Hocker zu einem Tunnel umfunktionieren, indem Sie ein Handtuch oder eine Decke darüber hängen.

Übungsaufbau & Schritte

1) Wenn Ihr Kaninchen mit seiner Nase zuverlässig Ihrem Zeigestab folgt, können Sie es ganz einfach dazu bringen, durch den Tunnel zu laufen, denn es wird Ihrem Stab folgen.

2) Anfangs tut sich Ihr Kaninchen leichter, wenn Sie es mit dem Zeigestab zum Tunneleingang lotsen. Während Sie es aus der einen Hand belohnen, fädeln Sie den Zeigestab mit der anderen Hand durch das Tunnelende, so dass er am Tunneleingang wieder erscheint. Hat Ihr Kaninchen fertig gefressen, befindet sich der Zeigestab also schon wieder direkt vor seiner Nase. Sie brauchen jetzt nur noch den Stab langsam zu sich zurück zu ziehen und Ihr Kaninchen wird ihm durch den Tunnel folgen. Am Ende wartet bereits wieder eine Belohnung auf Ihren kleinen Freund.

? Was kann passieren und wie reagieren Sie richtig darauf?

Wenn Ihr Kaninchen von ängstlicher Natur ist, kann es schon passieren, dass es außen herum ans Ende des Tunnels hoppelt und dort wieder versucht den Zeigestab anzustupsen, um seine Belohnung zu bekommen. Das ist zwar nicht das eigentliche Ziel der Übung, aber immerhin hat das Kaninchen einen Weg gefunden, die Aufgabe zu lösen ☺, also dürfen Sie es auch belohnen. Wenn Sie bemerken, dass sich Ihr Kaninchen nicht durch den Tunnel traut, lassen Sie diesen ein paar Tage lang im Gehege stehen. So hat es ausreichend Zeit, sich mit dem neuen Gegenstand vertraut zu machen.

Es könnte aber auch sein, dass Ihr Kaninchen so eifrig bei der Sache ist, dass es einfach schneller mit dem hinterher hoppeln ist, als Sie mit dem Durchfädeln des Zeigestabes durch den Tunnel ☺. Deshalb verwende ich auch den Trick mit dem Leckerchen am Tunneleingang, denn so ist das Kaninchen lange genug abgelenkt, bis ich den Stab durchgefädelt habe.

! Tipp

Spannender wird es, wenn Sie die Tunnels mit der Übung „Podeste, Treppen und Laufstege" kombinieren. So können Sie Ihr Kaninchen durch einen ganzen Hindernisparcours lenken, indem Sie mit dem Zeigestab anzeigen, wohin es laufen soll.

9. Der Hürdenlauf

Ziel der Übung

Ziel ist es, dass Ihr Kaninchen auf Ihre Aufforderung mit dem Zeigestab hin über eine Hürde springt. Diese kann aus einem einfachen Besenstiel bestehen, der auf zwei dicken Büchern gelagert ist. Sie können aber auch einen kleinen Blumenkasten als Hürde verwenden, wenn Sie ihn auf den Kopf stellen. Ihrer Fantasie sind keine Grenzen gesetzt.

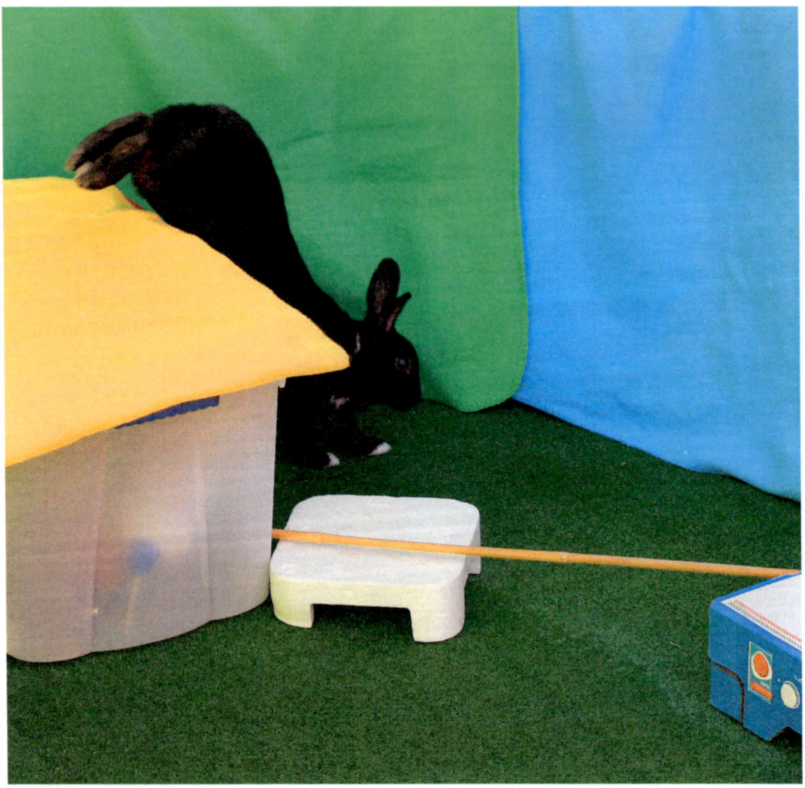

Übungsaufbau & Schritte

1) Wenn Ihr Kaninchen mit seiner Nase zuverlässig Ihrem Zeigestab folgt, können Sie es ganz einfach dazu bringen, über die Hürde zu springen, denn es wird Ihrem Stab folgen.

2) Lotsen Sie Ihren kleinen Kameraden mit dem Zeigestab zum Hindernis hin und führen Sie den Stab über das Hindernis. Warten Sie mit dem Stab hinter der Hürde. Ihr Kaninchen wird ihm folgen und darüber springen.

?

Was kann passieren und wie reagieren Sie richtig darauf?

Es könnte sein, dass Ihr Kaninchen Bequemlichkeit vorzieht und außen um das Hindernis herumhoppelt. Um das zu vermeiden, stellen Sie Ihr Hindernis entlang einer Wand oder eines Zaunes auf. Auf der anderen Seite stehen Sie selbst als Begrenzung. So klappt es bestimmt!

!

Tipp

Auch diese Übung können Sie mit den vorangegangenen zu einem Hindernisparcours kombinieren.

10. Durch Reifen springen

Ziel der Übung

Ziel ist es, dass Ihr Kaninchen auf Ihre Aufforderung mit dem Zeigestab hin durch einen Reifen springt.

Übungsaufbau & Schritte

1) Wenn Ihr Kaninchen mit seiner Nase zuverlässig Ihrem Zeigestab folgt, können Sie es ganz einfach dazu bringen, durch einen Reifen zu springen, denn es wird Ihrem Stab folgen.

2) Gehen Sie dazu genauso vor, wie es bei der Übung „durch Tunnels schlüpfen“ beschrieben ist und halten Sie den Reifen anfangs nur wenige Zentimeter vom Boden entfernt.

! **Tipp**

Sie können Ihr Kaninchen anstatt durch Reifen auch über Ihren Unterarm springen lassen. Versuchen Sie es einfach! Kommen Sie bitte niemals auf die Idee, den Reifen anzuzünden, wie das manchmal im Zirkus gezeigt wird! Das mag zwar spektakulär aussehen, ist aber lebensgefährlich!

11. Luftsprünge zwischen Podesten

Ziel der Übung

Ziel ist es, dass Ihr Kaninchen auf Ihre Aufforderung mit dem Zeigestab hin von einem Podest direkt auf ein anderes zu springen lernt, ohne dabei den Boden zu berühren.

Übungsaufbau & Schritte

1) Wenn Ihr Kaninchen mit seiner Nase zuverlässig Ihrem Zeigestab folgt, können Sie es ganz einfach dazu bringen, von einem Podest auf das nächste zu springen, denn es wird Ihrem Stab folgen.

2) Stellen Sie anfangs die zwei Podeste in einem sehr geringen Abstand zueinander auf (ca. 10cm) und vergrößern Sie die Abstände mit jedem Training ein klein wenig, bis Sie bei einem Abstand von ungefähr 30cm angekommen sind.

? **Was kann passieren und wie reagieren Sie richtig darauf?**

Werden die Abstände zwischen den Podesten mit der Zeit etwas größer, könnte Ihr Kaninchen auf die Idee kommen, von einem Podest hinunter zu springen, um anschließend auf das andere wieder hinauf zu springen. Um das zu vermeiden, reduzieren Sie vorerst wieder den Abstand der beiden Podeste zueinander und belohnen Sie nur die Sprünge, die ohne Bodenkontakt stattgefunden haben. Sprünge mit Bodenkontakt ignorieren Sie ganz einfach.

! **Tipp**

Achten Sie unbedingt darauf, dass die Podeste rutschfrei sind, sonst könnte es unter Umständen zu Verletzungen kommen oder Ihr Kaninchen könnte sich beim Ausrutschen so stark erschrecken, dass es in Zukunft nicht mehr auf Podeste springen möchte!

12. In den Schoß springen

Ziel der Übung

Ziel ist es, dass Ihr Kaninchen auf Ihre Aufforderung mit dem Zeigestab hin direkt in Ihren Schoß springt.

Übungsaufbau & Schritte

1) Wenn Ihr Kaninchen mit seiner Nase zuverlässig Ihrem Zeigestab folgt, können Sie es ganz einfach dazu bringen, in Ihren Schoß zu springen, denn es wird Ihrem Stab folgen.

2) Setzen Sie sich im Schneidersitz auf den Boden. Rufen Sie Ihr Kaninchen zu sich und verwenden Sie diesmal einen ganz kurzen Zeigestab, das ist praktischer. Sie werden vielleicht auch gar keinen Zeigestab mehr brauchen, denn einige Kaninchen reagieren auf den ausgestreckten Zeigefinger ähnlich wie auf den Stab, auf den Sie schon gut trainiert sind. Strecken Sie also Ihren Zeigefinger aus (oder nehmen Sie den kurzen Stab in die Hand) und tun Sie so, als ob Sie Ihr Kaninchen auf ein Podest locken möchten. Zeigen Sie ihm zusätzlich, dass Sie den Jackpot in der Hand haben. Springt Ihr Kaninchen in Ihren Schoß, belohnen Sie es sofort mit dem Jackpot.

3) Springt Ihr Kaninchen schon zuverlässig in Ihren Schoß, können Sie jedes Mal, genau in dem Moment des Springens, z.B. „Hopp“ dazusagen. Wenn Sie das jedes Mal machen, wird Ihr Kaninchen schon nach einigen Tagen alleine beim Erklingen des Wortes „Hopp“ wissen, was zu tun ist ☺.

13. Der Bunny-Dance

Ziel der Übung

Ziel ist es, dass Ihr Kaninchen auf Ihre Aufforderung mit dem Zeigestab hin zwischen Ihren Beinen Slalom läuft, während Sie langsam einen Schritt vor den anderen setzen. Diese Übung kommt eigentlich aus dem Dogdancing, funktioniert aber auch mit Kaninchen ☺.

Übungsaufbau & Schritte

1) Wenn Ihr Kaninchen mit seiner Nase zuverlässig Ihrem Zeigestab folgt, können Sie es ganz einfach dazu bringen, zwischen Ihren Beinen Slalom zu laufen, denn es wird Ihrem Stab folgen.

2) Stellen Sie das rechte Bein vor das linke. Ihr Kaninchen befindet sich links neben Ihnen. Lotsen Sie Ihr Kaninchen nun mit Ihrem ausgestreckten Zeigefinger oder dem Zeigestab zwischen Ihren Beinen durch auf Ihre rechte Seite.

3) Danach setzen Sie Ihren linken Fuß vor Ihren rechten. Lotsen Sie Ihr Kaninchen jetzt von Ihrer rechten Seite zwischen Ihren Beinen durch auf Ihre linke Seite.

4) Danach setzten Sie Ihren rechten Fuß wieder einen Schritt nach vorne usw.

? Was kann passieren und wie reagieren Sie richtig darauf?

Ihr Kaninchen ist inzwischen bestens auf den Zeigestab trainiert. Wenn Sie diese Übung ganz langsam beginnen, kann also gar nichts mehr schiefgehen!

14. Das Licht ein- und ausschalten

Ziel der Übung

Ziel ist es, dass Ihr Kaninchen auf Ihre Aufforderung hin einen Lichtschalter anstupst. Dieser muss natürlich für das Kaninchen erreichbar sein. Also verwenden Sie dafür am besten eine Tischlampe, die einen leicht zu betätigenden Taster hat. Dann muss sich Ihr Kaninchen weniger anstrengen und die Übung führt schneller zum Erfolg.

Übungsaufbau & Schritte

1) Wiederholen Sie die Schritte 1 bis 8 der Übung „Zeigestab“. Ersetzen Sie den Zeigestab aber durch den Lichtschalter. Ihr Kaninchen lernt also, den Schalter anzustupsen.

2) Belohnen Sie in den ersten Übungseinheiten und -tagen noch jedes Anstupsen des Schalters, später dann nur noch die Stupser, die fest genug sind, um den Taster zu betätigen. Ihr Kaninchen lernt also gerade ein Licht ein- und wieder auszuschalten. Jedes Mal, wenn es entweder hell oder dunkel wird, bekommt Ihr kleiner Freund den Jackpot!

! **Tipp**

Achten Sie unbedingt darauf, dass Ihr Kaninchen keine Möglichkeit hat, stromführende Leitungen anzuknabbern! Lassen Sie es bei dieser Übung also niemals aus den Augen. Diese Gefahr können Sie vermeiden, indem Sie ein batteriebetriebenes Nachtlicht für Kinder verwenden, das Ihr Kaninchen zwar anstupsen, aber nicht anknabbern soll.

Die Zirkusvorstellung

Spielen Sie nun mit dem Gedanken, die erlernten Tricks Ihren Freunden zu präsentieren? Warum dann nicht gleich richtig im Rahmen einer kleinen Zirkusvorstellung? Bevor das möglich ist, müssen Sie allerdings viel Fleiß, Einfühlungsvermögen, Zeit und Geduld für das Training aufwenden und talentierte Kaninchen an Ihrer Seite haben. Überfordern Sie Ihre Tiere bitte nicht und denken Sie noch einmal daran, was in den goldenen Regeln des Kaninchentrainings steht. Üben Sie jeden einzelnen Trick also erst unter leichter Ablenkung (z.B. dem laufenden Radio) und in weiterer Folge auch unter größerer Ablenkung (es geht z.B. jemand durch das Zimmer während Sie mit Ihren Kaninchen trainieren). Erst wenn das alles gut und zuverlässig funktioniert, und Sie Ihr Publikum gebeten haben, nicht laut zu klatschen (das könnte Ihre Kaninchen gehörig aus dem Konzept bringen), steht Ihrer Vorführung nichts mehr im Weg. Seien Sie aber bitte nicht verärgert, wenn etwas nicht so klappt, wie Sie es geplant hatten. Es geht auch hier nicht darum, eine perfekte Show zu präsentieren, sondern gemeinsam Spaß zu haben!

Nun kommt es aber darauf an, die einzelnen Übungen pfiffig, mit Witz und Humor zu präsentieren. Lassen Sie Ihrer Fantasie freien Lauf! Eine Idee, wie das zum Beispiel aussehen könnte, möchte ich Ihnen mit auf den Weg geben.

Stellen Sie sich vor, Sie hätten Ihre beiden Kaninchen, nennen wir sie Nicki und Lola, für diesen Augenblick trainiert. Ihre Freunde sitzen auf dem Sofa und warten gespannt. Der Vorhang geht auf und es ist fast vollkommen dunkel im Raum.

Erste Nummer

Lola ist bei Ihnen auf der Bühne, Sie sitzen im Schneidersitz neben ihr und zeigen ihr, dass sie den Lichtschalter betätigen soll. Spot an, die Show geht los!

Bei Nickis Käfig, der am Bühnenrand steht, haben Sie vorher „vergessen“, die Tür zu schließen.

Während Sie mit Lola auf der Bühne sitzen und beginnen Ihren Zuschauern eine Geschichte zu erzählen, kommt Nicki aus seinem Käfig angelaufen und springt Ihnen in den Schoß. Sie berichten Ihrem Publikum, wie anhänglich er sei, dass er am liebsten nur kuscheln möchte und kaum Interesse am Training gezeigt hat. Er sei halt eben ein hoffnungsloser Fall. In Wirklichkeit haben Sie ihm einen kleinen Wink mit dem Zeigefinger gegeben (von den Zuschauern unbemerkt, da Sie durch Ihre Erzählungen und Lola abgelenkt waren). Bringen Sie ihn zurück in seinen Käfig und schließen Sie diesmal die Tür, damit er nicht noch einmal entwischen kann.

Zweite Nummer

Lola befindet sich noch immer auf der Bühne. Sie zeigen Ihren Zuschauern wie lernfähig Lola ist, indem Sie Ihrem Publikum präsentieren, wie sie die Herausforderungen des Säulen-Spiels bravourös meistert. Danach bringen Sie Lola zurück in ihren eigenen Käfig, der ebenfalls am Bühnenrand bereit steht.

Dritte Nummer

Sie bringen Nicki nun mit auf die Bühne und möchten Ihrem Publikum zeigen, dass er doch ein klein wenig gelernt hat. Verwenden Sie dazu irgendetwas, das Nicki noch nicht kennt. Natürlich wird er es nicht machen. Sie setzen sich frustriert im Schneidersitz auf die Bühne und lassen den Kopf hängen. Unbemerkt vom Publikum geben Sie ihm wieder einen Wink mit dem Zeigefinger, woraufhin er natürlich wieder in Ihren Schoß springt. Sie erklären Ihrem Publikum noch einmal, dass er eben ein hoffnungsloser Fall und nur zum Kuscheln aufgelegt sei. Bringen Sie ihn zurück in seinen Käfig.

Vierte Nummer

Nehmen Sie den Zeigestab und einen Reifen in die Hand, öffnen Sie Lolas Käfig und gehen Sie in die Bühnenmitte zurück. Rufen Sie sie bei Ihrem Namen zu sich in die Bühnenmitte. Zeigen Sie Ihrem Publikum nun, wie toll Lola dreimal ohne zu zögern durch den Reifen springt. Die Begeisterung Ihrer Zuschauer ist Ihnen sicher. Bringen Sie Lola anschließend zurück in Ihren Käfig.

Fünfte Nummer

Holen Sie Nicki zu sich auf die Bühnenmitte. Setzen Sie sich wieder im Schneidersitz auf den Boden. Nicki sitzt neben Ihnen. Sie erklären Ihrem Publikum, dass Sie jetzt versuchen werden, ihn wenigstens dazu zu bringen, „Männchen“ zu machen, wenn Sie es ihm sagen. In Wirklichkeit geben Sie ihm wieder den Wink mit dem Zeigefinger, woraufhin er natürlich wieder zum Kuscheln in Ihren Schoß springt. Sie schütteln seufzend den Kopf und zucken mit den Schultern. Setzen Sie ihn anschließend wieder neben sich hin und locken Sie ihn mit einem Futterstückchen so, dass er sich streckt und „Männchen" macht. Danach bringen Sie ihn zurück in seinen Käfig.

Sechste Nummer

Sie öffnen Lolas Käfigtüre. Zeigen Sie Ihrem Publikum nun, wie Lola wieder auf ihren Namen reagiert und angelaufen kommt, wenn Sie sie rufen. Mittels Zeigestab präsentieren Sie nun, wie Lola auf ihren Hinterpfoten laufen, tanzen und sich im Kreis drehen kann! Dann bringen Sie sie zurück in ihren Käfig.

Siebente Nummer

Nachdem das ganze Training mit Nicki offensichtlich nicht gefruchtet hat, zeigen Sie Ihrem Publikum, wie schön er Bunny-Billard spielen kann. Ihren Zuschauern erklären Sie inzwischen, dass neben dem Kuscheln das Fressen sein zweites großes Laster sei. Dann bringen Sie ihn zurück in seinen Käfig.

Achte Nummer

Sie präsentieren mit Lola den Bunny-Dance und bringen sie anschließend wieder zurück in ihren Käfig. Ihr Publikum wird staunen!

Neunte Nummer

Nachdem Ihre Zuschauer inzwischen ausnahmslos davon überzeugt sind, dass Nicki kaum etwas gelernt hat und Lola der große Star ist, kommt jetzt das große Knallbonbon, die Überraschung, mit der niemand mehr gerechnet hätte!

Sie öffnen Nickis Käfig und rufen ihn bei seinem Namen zu sich. Danach laufen Sie (mit dem Zeigestab in der Hand) mit Nicki gemeinsam durch den vorbereiteten Hindernisparcours, lassen ihn über Laufstege, Treppen und Hürden springen und durch einen Tunnel huschen. Danach schließen Sie einen Luftsprung von einem Podest zum anderen an. Am Ende dieses Hindernisparcours wartet ein Siegertreppchen, wo er auf die höchste Stufe hinauf hoppelt, den ersten Platz eben, und dort Männchen macht.

Zehnte Nummer

Während Sie sich zu Ihrem stolzen Tagessieger auf seinem Siegertreppchen gesellen und mit ihm vor lauter Freude ausgiebig kuscheln, öffnet ein Gehilfe Lolas Käfigtür. Sie rufen Lola bei ihrem Namen zu sich und zeigen ihr, dass sie das Licht ausschalten soll.

Es wird finster und der Vorhang geht zu!

Über die Autorin

Fr. Karina Niemczyk wurde 1978 geboren und ist seit ihrer Kindheit ein großer Tierliebhaber. Ihr ganzes Leben lang war sie von Tieren umgeben, zuhause, wo sie schon als Kind ihrer ersten Katze das „Pfote geben" beibrachte, und im Reitstall, wo sich außer Pferden auch noch Ziegen, Meerschweinchen, Kaninchen, Rinder, Katzen, Hunde und andere Tiere tummelten. Sie hat viele davon beobachtet und sich für ihre Verhaltensweisen und besonderen Fähigkeiten interessiert. Schon in der Kindheit bemerkte sie, dass sie über ein besonders feines Einfühlungsvermögen im Umgang mit Tieren verfügt, denn die Tiere reagierten auf sie oft anders als auf andere Menschen. Als Teenager fühlte sie mit den ängstlichen Pferden im Reitstall mit und nahm ihnen die Angst. Den Übermütigen aber setzte sie Grenzen, ausdauernd, fair aber eindeutig. So entwickelte sich eine sehr tiefe Beziehung zu so manchem Pferd.

Ein Leben ohne Tiere ist für sie unvorstellbar. Tiere üben eine Faszination auf sie aus, machen Freude, spenden Trost, geben Kraft, motivieren, entspannen oder machen einfach Spaß. Ihr ganzes Leben haben die Vierbeiner bereichert, darum war es irgendwann an der Zeit, ihnen etwas davon zurückzugeben.

Fr. Niemczyk beobachtete immer wieder, wie es zu Verständigungsproblemen zwischen Hundehaltern und ihren Hunden kam und machte sich Gedanken darüber, was die Gründe dafür sein könnten. Um es schlussendlich bis ins Detail verstehen zu können, entschied sie sich, eine sehr umfangreiche Ausbildung zur Hundetrainerin und Hundetherapeutin zu machen und fortan als solche zu arbeiten. Daraus entstand dann **BELLO-Hundetraining** (www.bello-hundetraining.at), ein mobiles, individuelles und modernes Hundetraining mit Herz und Verstand, das sich zur Aufgabe gemacht hat, Hunde und Halter bei Verständigungsproblemen hilfreich zur Seite zu stehen. Der Name **BELLO** spiegelt ihre Philosophie wider: **B**eobachten, **e**rkennen, **l**eichter **l**ernen **o**hne Druck.

Sie könnten als Leser dieses Buches nun glauben, dass Hundetraining nichts mit Kaninchen, Pferden oder anderen Tieren zu tun hat. Weit gefehlt! Die Grundsätze der Erziehung, des Lernens und des Tiertrainings sind überall dieselben. Vor der Anwendung der Trainingsmethoden, muss sich der Tiertrainer/ die Tiertrainerin allerdings mit den artspezifischen sowie persönlichen Eigenschaften des jeweiligen Tieres vertraut machen und diese im Training auch berücksichtigen.

Doch kommen wir wieder auf die Kaninchen zurück. Neugierig wie Fr. Niemczyk nun einmal ist, hat sie versucht, ihre Kaninchen zu trainieren. Und siehe da, es hat auf Anhieb geklappt. Ihre Kaninchen freuten sich sichtlich über diese neue Art der Beschäftigung. Am meisten erstaunt war die Tiertrainerin allerdings darüber, wie schnell die Tiere lernten. Bis zu diesem Zeitpunkt hatte sie ihre eigenen Tiere vollkommen unterschätzt!

Dieses Wissen wollte sie keinesfalls für sich behalten und so entstand die Idee, dieses Buch zu schreiben, das Sie nun vor sich liegen haben.

BELLO - Hundetraining

Beobachten - Erkennen - Leichter lernen ohne Druck

DI (FH) Karina Niemczyk
Zertifizierte HotDogs Hundetrainerin und Hundetherapeutin
Steiermark/ Österreich

www.bello-hundetraining.at
info@bello-hundetraining.at